嘿哟
去火星喽

[美] 苏珊·伦德罗斯 著

[美] 鲍勃·柯洛尔 绘

张智慧 译

郑永春 审定

火箭推上发射台
我们钻进飞船里
嘿呦，去火星喽
准备好，
我们马上就出发

当你跳起来时，地心引力会把你拉回来。要将火箭发射到太空是件很困难的事情，因为地心引力也会把火箭向回拉。火箭越大越重，就越需要更强大的推力，才能挣脱地球的束缚。

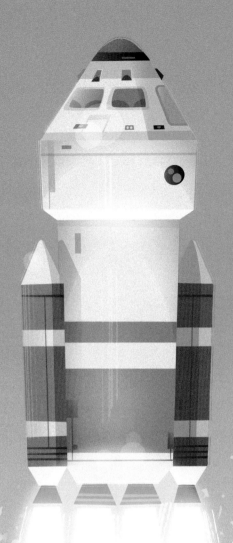

轰隆隆，火箭起飞了
轰隆隆，飞船升空了
嘿呦，去火星喽
轰隆隆，我们出发了

要去火星旅行，你需要一艘足够大的飞船来运载你和你的小伙伴，还有食物、水以及你们需要的所有消耗品。从地球轨道上发射这么大的飞船要比从地球上发射容易得多。

你可以在太空中造飞船，每次飞行带一些组件上去。这样，分几次任务就可以准备齐组装飞船所需要的所有部件了。一旦火星飞船组装完毕，只需一枚小火箭，你就可以出发前往火星了。

太空里没有空气可以呼吸。当你的小飞船接近火星飞船时，两个航天器将对接在一起。然后舱门打开，你就可以离开之前乘坐的小飞船，进入到火星飞船的大舱里了。这样的对接方式不会让你呼吸所需的空气漏出去。

我们跳进太舱里
我们飘进太舱里
嘿哟，去火星啦
我们飞进太舱里

再见了，亲人伙伴
再见了，陆地海洋
嘿呦，去火星喽
再见了，地球家园

利用现在的火箭发动机，一次火星之旅需要大约六个月的时间。不过，聪明的工程师们正在努力开发新的推进系统。未来，去往火星或许可以节省一半的飞行时间。他们还探索在火星飞船中产生模拟重力的方法。现在的技术还无法模拟重力，在远离地球的太空中，你感受不到重力的作用，因此，你会飘起来哦！

你未来的样子
你未来的主意
嗯，不太清楚
还有，你未来的小辫子

想象一下，在没有重力的情况下不停地漂浮在太空中，如果你把物品放在桌子上，它们就不在那里待着。相反，它们会漂浮起来，飞到空中。所以宇航员工作时，必须把东西固定好。如果你松开了物体，那它们就飞得无影无踪啦。

水在太空中当然也会飘起来。所以，就别想着洗澡这回事儿了。你可以往皮肤上喷点水和特制沐浴露，然后来回搓搓，再用毛巾擦干净就可以了。记得一定要把四处飘散的小水滴都抓住哦，千万别让它们到处跑。

起床喽，我刷干净牙
起床喽，我擦干净脸
嘿呦，去火星喽
我喷点水把自己弄干净

该睡喽，我们在墙上睡
该睡喽，我们在地上睡
嘿呦，去火星喽
我们在哪里都能睡

你不想在睡梦中到处飘吧？记住，睡觉的时候，一定要把自己包裹在靠着舱壁的睡袋里哦。

种菜喽，豆苗种在袋子里
种菜喽，西红柿种在袋子里
嘿呦，去火星喽
青菜也种在袋子里

去火星旅行，你得带上至少能够吃两年的食物。这些食物大部分都是在地球上包装好的，但也可以用袋子或其他容器种植新鲜蔬菜。容器中含有营养和水分，采用无土栽培。再加上模拟阳光的特殊灯具，你就可以成为一名太空农民了。

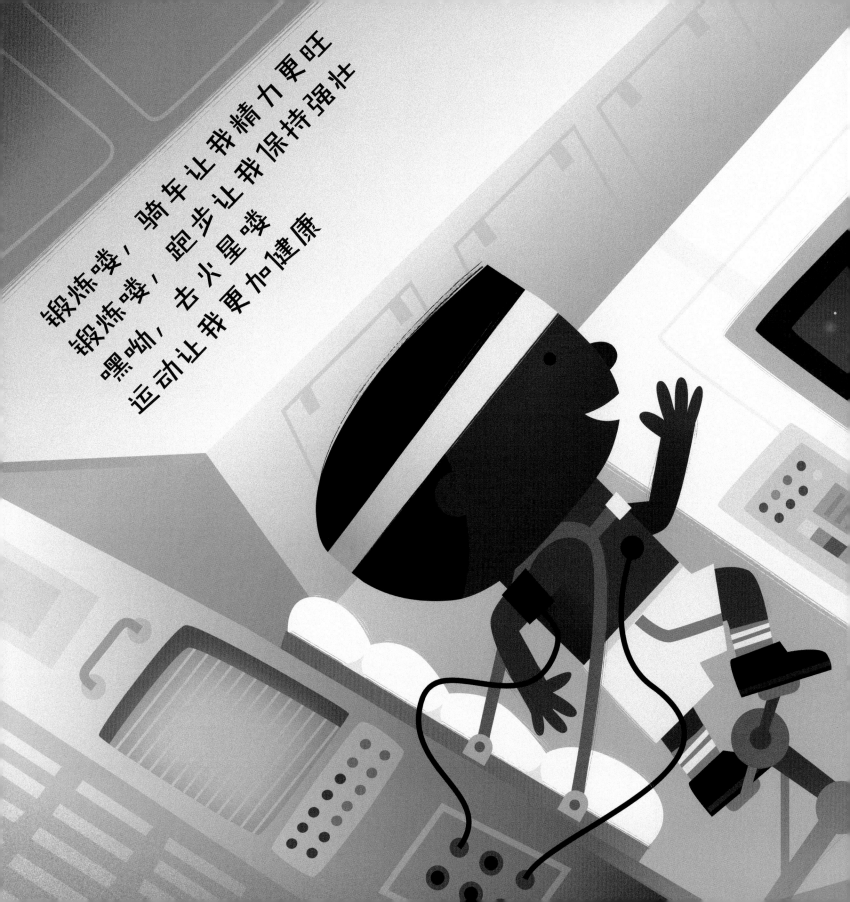

锻炼噢！骑车让我精力更旺
锻炼噢！跑步让我保持强壮
嘿哟，去火星喽
运动让我更加健康

在地球上，抬脚走路或跑步都可以让你的骨骼和肌肉更强壮。在太空中，失去了重力对身体的持续作用，骨骼和肌肉会变得虚弱。为了保持健康，你每天都需要进行锻炼。

飞呀飞，我们飞了多久啦
飞呀飞，我们飞了多远啦
嘿呦，去火星喽
我们还有多久才能到呀

在前往火星的旅途中，你肯定不能出去玩儿。
但是你仍然可以做一些平时下雨天在家里做的
事情。比如：看电影、玩儿游戏或者做一个冒
险白日梦。

经过漫长的太空旅行，我们抵达了火星。尽管火星表面的重力比地球小，但我们不必把大飞船降落在火星上。我们会把飞船留在火星轨道上，乘坐着陆器降落到火星表面。

减速，我们马上就到
下降，我们马上就到
嘿呦，去火星喽
着陆，我们这就到喽

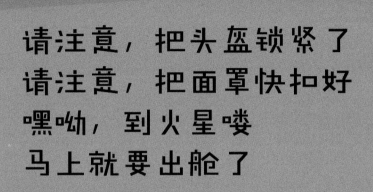

请注意，把头盔锁紧了
请注意，把面罩快扣好
嘿呦，到火星喽
马上就要出舱了

火星上的大气非常稀薄，无法供我们呼吸。我们
必须在航天服内携带氧气。我们还需要建造火星
基地，并安装带有特殊功能的门，将空气保留在
房间里。

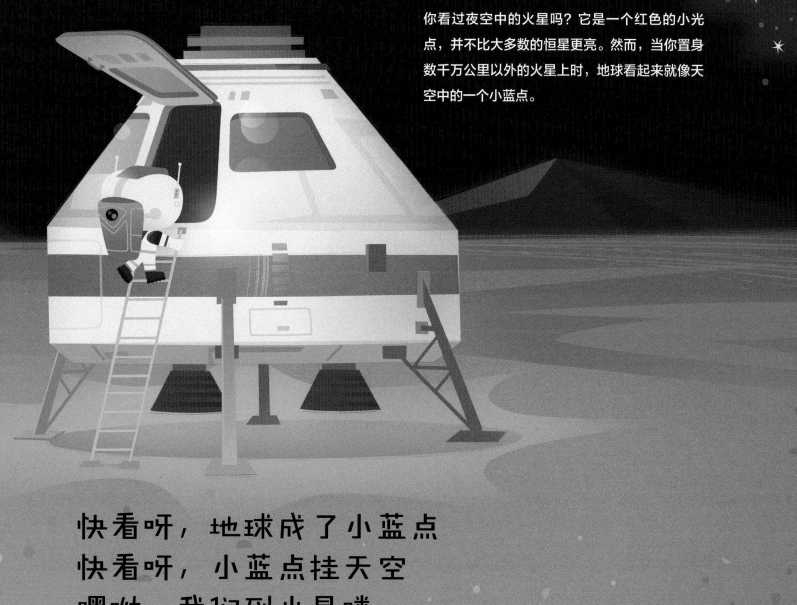

你看过夜空中的火星吗？它是一个红色的小光点，并不比大多数的恒星更亮。然而，当你置身数千万公里以外的火星上时，地球看起来就像天空中的一个小蓝点。

快看呀，地球成了小蓝点
快看呀，小蓝点挂天空
嘿呦，我们到火星喽
地球变得很渺小

干活喽，带上工具来挖掘
干活喽，带上仪器来勘测
嘿呦，到火星喽
大家一起来探索

面对整个火星，你首先想去哪儿探索？是去比地球上的科罗拉多大峡谷还要深五倍的"水手大峡谷"？还是去那座比地球上最高的山还要高近三倍的"奥林匹斯火山"？别着急，访问火星的航天员一般要驻留两年左右，所以你有足够的时间去到处探索。

把航天员送上月球并非易事，送上火星更是困难重重。地

球距离火星数千万公里。在为期两年的轨道周期运行中，两颗行星会离得越

来越近。但它们之间的距离从来不少于5300万公里，而且通常要比这大得多，最远可达

4亿公里。航天员们要飞3天才能登上月球，但得飞6个月才能抵达火星。

美国、俄罗斯、欧洲、日本和印度都向火星发射过无人探测器。有些任务使火星车成功地着陆到火星表

面。还有一些探测器环绕火星飞行，不断发回有助于我们将来进行载人登火的信息。

在航天员动身前往火星之旅之前，我们还需要解决以下问题：

- 建造一艘能够执行两年期任务的航天器，能够将人类送往火星并返回地球；

- 探索出在太空中生产食物的可靠方式；

- 研制出能在火星上制造可供呼吸空气的设备；

- 发明出可在火星上制造的用于返回地球的燃料，或者不需要大量燃料的新型推进方式；

- 创建出让航天员在长期任务中保持健康的生存环境。

除了地球，火星是太阳系中最适合人类居住的行星。更多地了解火星邻居将有助于我们揭开更多宇宙奥秘，比如，行星

是如何演变的？大气是如何形成和变化的？生命如何在不同的环境中生存？……

当然，探索火星也将是一次伟大的冒险。

你，想去吗？

原文书名： Hey-Ho to Mars We'll Go!

原文作者署名方式： Susan Lendroth

版权说明： 本书中文简体版权由锐拓传媒授权北京航空航天大学出版社

北京市版权局著作权合同登记号 图字：01-2019-0759

图书在版编目（CIP）数据

嘿呦去火星喽 / (美) 苏珊·伦德罗斯著；张智慧

译.-- 北京：北京航空航天大学出版社，2021.7

书名原文：Hey-Ho, to Mars We'll Go!

ISBN 978 - 7 - 5124 - 3576 - 6

Ⅰ.①嘿… Ⅱ.①苏… ②张… Ⅲ.①火星探测－普

及读物 Ⅳ.①P185.3

中国版本图书馆CIP数据核字(2021)第150326号

版权所有，侵权必究。

嘿呦 去火星喽

[美] 苏珊·伦德罗斯 著　　[美] 鲍勃·柯洛尔 绘

张智慧 译　　郑永春 审定

出版统筹：航空知识

策划编辑：武瑾媛　　　　责任编辑：武瑾媛

视觉设计：闫妍

出版发行：北京航空航天大学出版社

地　址：北京市海淀区学院路37号（100191）

电　话：010-82317823 (编辑部)　010-82317024 (发行部)

　　　　010-82316936 (邮购部)

网　址：http://www.buaapress.com.cn　读者信箱：bhpress@263.net

印　刷：北京文昌阁彩色印刷有限责任公司

开　本：787mm×1092mm　1 / 12

印　张：3.5　　字　数：6千字

版　次：2021 年 9月第1版

印　次：2021 年9 月第1次印刷

ISBN 978-7-5124-3576-6

定　价：42.00 元

如有印装质量问题，请与本社发行部联系调换

联系电话：010-82317024

版权所有 侵权必究

致LU Coffing，一位致力于让自己不平凡的人。——S.L

送给我的那些探索世界的探险家朋友们：马克，简以及丽萨。——B.K.

送给Carrie，希望你永葆好奇之心。——zzh